Marcel Maier

Der mögliche Einfluss von Gliazellen auf die Entstehung von Epilepsie

GRIN Verlag

Bibliografische Information der Deutschen Nationalbibliothek:

Die Deutsche Bibliothek verzeichnet diese Publikation in der Deutschen National-
bibliografie; detaillierte bibliografische Daten sind im Internet über http://dnb.d-
nb.de/ abrufbar.

Impressum:

Copyright © 2004 GRIN Verlag GmbH
Druck und Bindung: Books on Demand GmbH, Norderstedt Germany
ISBN: 978-3-656-62066-2

Dieses Buch bei GRIN:

http://www.grin.com/de/e-book/43274/der-moegliche-einfluss-von-gliazellen-auf-
die-entstehung-von-epilepsie

Hausarbeit

Der mögliche Einfluss von Gliazellen auf die Entstehung von

Epilepsie

von:

Marcel Maier
Fakultät für Psychologie
Universität Basel
Sommersemester 2004

Inhaltsverzeichnis

Einleitung

Kernpunkt dieser Arbeit ist ein Essay der Psychologen Claudia Krebs und Kerstin Hüttmann in dem populärwissenschaftlichen Magazin Gehirn & Geist (Gehirn & Geist, 2004). In diesem postulieren Sie eine völlig neue Eigenschaft der bist dato unterschätzten Gliazellen und deren elementaren Zusammenhang mit der Entstehung von epileptischen Anfällen.

Dieser Artikel soll in dieser Hausarbeit rezitiert und diskutiert werden.

Die Funktion der Gliazellen

Funktionen und Unterteilungen

Gliazellen bilden neben den Neuronen die zweite Zellklasse im zentralen Nervensystem. Sie sind wesentlich zahlreicher als die Neuronen und machen etwas 50% des Gesamthirnvolumens aus. Die Hauptfunktion der Neuronen besteht in der Erregungsverbreitung und –leitung, während den Gliazellen dem Binde- und Stützgewebe ähnliche Funktionen nachgesagt werden. Sie sind zuständig für Stofftransport, Ernährung, Isolierung, mechanischer Schutz, Abwehr und Regeneration.

Je nach Lokalisation unterscheidet man zwei prinzipielle Arten von Glia:

Im peripheren Nervensystem ist die periphere Glia lokalisiert.

Im zentralen Nervensystem ist die zentrale Glia lokalisiert.

Für den weiteren Verlauf dieser Arbeit ist die periphere Glia nicht weiter von Interesse, so dass auf eine ausführliche Beschreibung verzichtet wird.

Zentrale Glia

In der zentralen Glia werden grundsätzlich vier verschiedene Zelltypen unterschieden:

- Oligodendrozyten
- Mikroglia
- Epedymzellen
- Astrozyten

1.) Oligodendrozyten

Diese sind für die Markscheidenbildung verantwortlich (Myelinisierung). D.h. für die Isolierung von Zellausläufer der Neuronen gegeneinander. Oligodendrozyten sind also sehr kleine Zellen mit wenigen Verzweigungen und liegen den Nervenzellen unmittelbar an.

2.) Mikroglia

Mikroglia sind sehr kleine, mobile Zellen mit fein verzweigten Fortsätzen. Diese Zellgattung wird auch als Hortega-Zellen bezeichnet. Sie haben die Funktion von „Abräumzellen", die vorwiegend unter pathologischen Bedingungen vermehrt auftreten. Sie sind in der Lage, durch Phagozytose körpereigene und körperfremde Bestandteile abzubauen.

3.) Epedymzellen

Diese kleiden die Innenräume des Zentralnervensystems aus. Damit sind sie als innere Oberfläche in den Ventrikeln des Gehirns und im Zentralkanal des Rückenmarks angesiedelt.

4.) Astrozyten

Astrozyten sind sehr grosse Gliazellen. Sie umgeben die Neurone und haben engen Kontakt zu den Gefässen des Gehirns.

Früher war man der Auffassung, dass Astrozyten die Blut-Hirn-Schranke aufbauen. Allerdings weiss man heute, dass dies durch das Kapillarenendothel geschieht.

Sie kontaktieren mit Ihren Ausläufern Blutgefässe und stehen gleichsam mit den Nervenzellen in Verbindung. Deshalb zählt zu Ihren wichtigsten Aufgaben, die Zusammensetzung des extrazellulären Milieus zu regulieren.

Sie sorgen also dafür, dass im Extrazellularraum die Ionenkonzentration zwischen den Zellen des Gehirns konstant bleibt.

Astrozyten sind in der Lage, von den Neuronen freigesetzte Neurotransmitter aufzunehmen und somit deren weitere Wirkung zu stoppen.

Neu sind allerdings die Erkenntnisse, dass sich die Astrozyten aus wiederum sehr unterschiedlichen Zelltypen zusammensetzt, die zum Teil noch ganz andere Aufgaben bewältigen können.

Neue Eigenschaften der Astrozyten

Wie in dem Essay von Krebs et al (2004) beschrieben, sollen die Astrozyten selbst an der eigentlichen Informationsverarbeitung im Gehirn beteiligt sein – eine elementare Eigenschaft, die bis dato den Neuronen vorbehalten schien.

So wurde herausgefunden, dass in den Aussenmembranen von Astrozyten genau dieselben Ionenkanäle und Neurotransmitterrezeptoren wie bei den Neuronen vorkommen.

Ferner sollen durch die enge Umhüllung von den Zellfortsätzen der Astrozyten mit den neuronalen Synapsen eine genaueste Registrierung jeglicher Informationsübertragung von Neuron zu Neuron durch die Gliazelle erfolgen. Neurotransmitter dienen somit auch als Kommunikator zwischen Neuronen und Astrozyten.

Es bleibt jedoch ein entscheidender Unterschied zwischen Neuronen und Astrozyten: Astrozyten können im Gegensatz zu den Nervenzellen keine Aktionspotentiale erzeugen! Das Andocken eines Neurotransmitters (z.B. Glutamat) führt jedoch zu einem anderen interessanten Effekt. Während Neurone die neue Information mittels schneller elektrischer Signale weiterleiten, steigt in der Gliazelle die Konzentration der Calciumione an und breitet sich innerhalb der Zelle aus. Via der kanalartigen Zell-Zell-Verbindungen (Gap Junktions) kann sich nun diese erhöhte Konzentration auch in benachbarte Astrozyten übertragen. Sehr bemerkenswert ist nun die Erkenntnis von Krebs et al. (2004), dass Astrozyten nach solch einer Aktivierung ihrerseits selber Neurotransmitter (im untersuchten Fall Glutamat) freisetzen können. Ferner werden die gleichen Mechanismen wie bei den Neuronen verwendet: Der Neurotransmitter wird in Vesikel verpackt und auf einen Reiz hin mit der Zellmembran verschmelzen und dabei die Transmittermoleküle in die Umgebung der Zelle freisetzen. Die Autoren schlussfolgern somit, dass Astrozyten tatsächlich direkt an der Informationsübertragung im Gehirn beteiligt sind und dank der elektrischen Gliazellkopplungen via Gap Junktions nicht nur lokal, sondern auch bei weiter entfernten Neuronen auf die Erregungsübertragung einwirken. Mit dieser neuen, erstaunlichen Erkenntnis, gerieten die Gliazellen ins Blickfeld der Epilepsieforschung.

Der Einfluss von Astrozyten auf die Epilepsie

Um den Einfluss von Astrozyten auf die Epilepsie erörtern zu können, muss an dieser Stelle etwas genauer auf die Ursachen dieser Krankheit eingegangen werden.

Die Epilepsie

„Die Epilepsie ist eine Störung des Gehirns, die sich in Anfällen, Bewusstseinsveränderungen und Beeinträchtigung der sensorischen, psychischen oder motorischen Fertigkeiten äussert." (Comer, 2001).

Die Epilepsie zählt zu den häufigsten Neurologischen Erkrankungen unter der etwa ein Prozent der Weltbevölkerung leidet.

Zu einem epileptischen Anfall kommt es immer dann, wenn Gruppen von Neuronen im Gehirn plötzlich, synchron und ungehemmt Aktionspotentiale freisetzen. Oft beginnen nur wenige Zellen mit derartigen Krampfentladungen, diese übertragen sich jedoch oft auf Zellen in der Nachbarschaft und breiten sich so weiter aus.

Die möglichen Ursachen für Epilepsieanfälle sind vielfältig. Man zählt Blutungen, Narben, Tumore, Hirninfarkte, Entzündungen und Unterversorgungen dazu. Aber auch äussere Reize können die Auftretenswahrscheinlichkeit eines Anfalls erhöhen. So zum Beispiel Schlafentzug und optische Überreizung durch eine schnelle und hektische Bilderfolge.

In den meisten Fällen erfolgt die Therapie mittels spezieller Medikamentation, den sogenannten Antiepileptika. Deren Hauptfunktion liegt in der Senkung der Entladungswahrscheinlichkeit der Neuronen. Sie wirken jedoch auf ganz unterschiedliche Weise. Einig hemmen die Transmitterfreisetzung, andere stabilisieren die Ionenkonzentration im Gehirn.

Bei besonders schweren Formen der Epilepsie wirken Antiepileptika nicht oder nur unzureichend. Oft kann hier nur ein chirurgischer Eingriff Erleichterung für den Patienten verschaffen. Manchmal werden bei solchen Operationen die krampfauslösenden Hirnzellen entfernt oder der Balken durchtrennt, um eine Ausbreitung der Aktionspotentiale von der einen zur anderen Hemisphäre zu unterbinden.

Astrozyten und Epilepsie

Die Forscher stellten nun die Hypothese auf, dass Astrozyten auf Grund ihres engen Kontakts mit den Neuronen an der Entstehung dieser krampfartigen, synchronen Entladungen beteiligt sind.

Aus diesem Grund wurden Gewebeproben des Hippokampus von epileptischen Patienten untersucht. Dieses Nervengewebe stammt aus den oben beschriebenen chirurgischen Eingriffen.

Mittels der Patch-Clamp-Technik wurde zunächst herausgefunden, dass im Gehirn zwei grundsätzlich verschiedenen Typen von Astrozyten mit unterschiedlichen Besonderheiten und Eigenschaften vorkommen:

- GluT-Zellen

? nehmen normalerweise freigesetztes Glutamat gezielt über spezielle Transportproteine auf und verhindern damit eine übermässig lange Erregung von Nervenzellen.

? besitzen in ihrer Zellmembran Kaliumkanäle und können somit auch Kaliumionen aus dem Extrazellulärraum absorbieren

? sind untereinander über Hunderte von Gap Junktions zu grossen Netzwerken verbunden. Somit können aufgenommene Stoffe in eine ganz andere Hirnregionen gelangen oder über die Kontakte mit Blutgefässen abtransportiert werden.

- GluR-Zellen

? keine Kopplung über Gap Junktions, keine Verknüpfung zu Netzwerken

? statt Transporterproteine besitzen sie spezielle Rezeptoren für unterschiedliche Botenstoffe

? die genaue Funktion dieser Zelle ist noch weitestgehend ungeklärt

Die Autoren fanden bei den Untersuchungen der Gewebeprobe heraus, dass bei der besonders häufig vorkommenden Form der Schläfenlappen-Epilepsie, der „Ammonshornsklerose" die GluT-Zellen im Hippokampus vollständig fehlen.

Auf Grund der Eigenschaften der GluT-Zellen wird geschlussfolgert, dass durch den Verlust die von den Neuronen freigesetzten Neurotransmitter und Ionen in diesen Gehirnregionen nicht mehr aus dem extrazellulären Raum entfernt werden. Stattdessen sammeln sich diese

Substanzen in der Umgebung der Neuronen an und aktivieren diese zu stark und zu lange. Somit steigt die Wahrscheinlichkeit einer übermässigen Entladung an.

Eine weitere Konsequenz des Fehlens von GluT-Zellen liegt im Energieverlust der Nervenzellen. Im gesunden Gewebe nehmen diese Gliazellen Traubenzucker aus dem Blut auf und wandeln ihn in Milchsäure um, aus denen wiederum die Neuronen ihre Energie gewinnen. Der Verlust von GluT-Zellen bei Patienten mit Ammonshornsklerose schein somit die Versorgung der umliegenden Nervenzellen erheblich zu beeinträchtigen.

Diskussion

Zumindest bei einer Form der Epilepsie konnten die Autoren einen eindeutigen Zusammenhang zwischen Astrozyten und den unkontrollierten Entladungen feststellen. Dennoch kann hier als Kritikpunkt eine gewisse Zirkularität angeführt werden: Führt das Fehlen von speziellen Astrozyten zu epileptischen Anfällen oder führen permanente Anfälle zu einem Absterben der GluT-Zellen. Diese Frage schein noch nicht geklärt.

Ferner stellt sich die Frage, welche Rolle die GluR-Zellen in diesem Konstrukt spielen. Deren konkrete Funktion ist bis dato noch weitestgehend ungeklärt.

Ein weiteres Problem stellt sich in der Generalisierbarkeit der gewonnenen Erkenntnisse. Hier wurden lediglich Gewebeproben von Patienten mit einer speziellen Form der Epilepsie – der sogenannten Ammonshornsklerose untersucht. Es währe sehr interessant zu erfahren, wie sich das betroffene Gewebe bei anderen Epilepsieformen zusammensetzt. Erst dann könnten fundierte Aussagen über exakten Einfluss der Astrozyten gemacht werden.

Dennoch demonstrierten die Autoren, dass Gliazellen und Neuronen aufs Engste miteinander kooperieren. Astrozyten werden von Neuronen in Aktivität versetzt und können selbst Neurotransmitter freisetzen. Allein diese Erkenntnis lässt das bis dahin geltende Bild der Glia ändern. Wer also zukünftig krankhafte Veränderungen einer Hirnregion untersucht muss sich mit beiden Zellklassen befassen, anstatt sich, wie bisher, nur auf die Neuronen zu konzentrieren. Es scheint wahrlich das „Ende einer Zweiklassengesellschaft" zu sein.

Literatur

Bezzi, P. et al. (2004). Astrocytes Contain a Vesicular Compartment that is Competent for Regulated Exocytosis of Glutamate. *Nature Neuroscience, Vol. 7,* 925-945.

Comer, R. J. – *Klinische Psychologie*, 2. Auflage, 2001, Spektrum Verlag: Heidelberg, Berlin.

Krebs, C., Hüttmann, K., Steinhäuser, C. (2004). Ende einer Zweiklassengesellschaft. Gehirn & Geist, *Vol. 4* , 38 - 41.

Spornitz, M. - *Anatomie und Physiologie*, 3. Auflage, 2002, Springer Verlag: Berlin, Heidelberg, New York.

Gazzaniga, M. S., Ivry, R. B., Magnun, G.R. – Cognitive Neuroscience, 2. Auflage, 2002, W. W. Norton & Company Inc.: New York, London.

Schnider, A. – Verhaltensneurologie, 1. Auflage, 1997, Thieme Verlag: Stuttgart, New York.